AF469663

RECUEIL

DE

PROCÉDÉS CHIMIQUES

POUR LES LIQUIDES EN GÉNÉRAL

OU

L'ART DU DISTILLATEUR-LIQUORISTE

mis à la portée de tout le monde.

TOUTES LES RECETTES SONT ÉPROUVÉES ET GARANTIES

PAR L'AUTEUR,

M. J.-S. DUMONT,

Ancien distillateur-liquoriste.

4me ÉDITION.

LYON,

CHEZ L'AUTEUR, RUE DU PLAT, 7.

1846.

RECUEIL

DE

PROCÉDÉS CHIMIQUES

POUR LES LIQUIDES EN GÉNÉRAL.

La fabrication des liqueurs est tellement facile, que je suis certain que quiconque lira attentivement les observations et les règles générales de mon recueil, pourra fabriquer, sans peine, toutes les liqueurs aussi bien que le liquoriste le plus consommé.

Les liqueurs sont dénommées sous trois désignations : eaux, crêmes et huiles.

Les eaux sont des liqueurs qui ne présentent rien de visqueux ; les crêmes et les huiles en ont toutes les apparences, sans changer les doses des ingrédients. La même liqueur peut être sous la première ou deuxième forme ; un exemple fera connaître la différence.

Eau de Cédrat.

Pour 8 litres de liqueur, prenez 4 kilos sucre, 2 kilos 750 grammes d'eau, 2 kilos 750 grammes d'esprit de vin, 2 grammes essence de citron, 3 grammes essence de cédrat.

Mettez dissoudre le parfum dans l'esprit, et faites bouillir une minute votre eau, dans laquelle vous avez mis fondre le sucre ; mélangez ensemble le tout ; filtrez à la chausse ou au papier Joseph dans un entonnoir, et mettez en bouteille.

Crême ou huile de Cédrat.

Pour 8 litres, prenez 2 kilos 750 grammes esprit de vin, 2 grammes essence de citron et 3 grammes essence de cédrat; après avoir laissé dissoudre vos essences un quart-d'heure, ajoutez du sirop de sucre ce qu'il en faut pour rendre votre liqueur pâteuse; agitez bien avec une écumoire pour faire le mélange; pour peu que votre liqueur soit louche, filtrez comme il est dit précédemment, et mettez en bouteille.

On voit que la seule différence consiste à employer le sucre à l'état naturel ou, si on aime mieux, en plus petite quantité pour les eaux; et, à l'état de sirop pour les crêmes et les huiles, vous en mettez jusqu'à ce que votre liqueur ait une apparence visqueuse.

OBSERVATIONS

Que l'on doit lire avec attention afin de bien opérer.

Pour les liqueurs sans distillation.

Mettez dissoudre dans l'esprit de vin, pendant un quart-d'heure, les essences et extraits qui entrent dans la composition des liqueurs, avant de faire le mélange avec l'eau et le sucre que vous avez mis fondre dans un autre vase.

Pour lés liqueurs par distillation.

Laissez macérer, pendant quelques jours, dans l'esprit de vin, les substances concassées avant de les distiller.

Liqueurs communes.

Pour 8 litres, prenez 6 litres eau pure, 1 kilo sucre, 125 grammes racine de guimauve découpée; faites cuire une heure un peu vivement, ajoutez 1 kilo esprit de vin dans lequel vous avez fait dissoudre vos essences; filtrez et mettez en bouteille: la racine de guimauve est pour donner du corps à votre liqueur.

Manière de faire le Sirop.

Prenez 4 kilos sucre, 2 kilos d'eau; mettez dans une bassine de grandeur convenable; battez 2 blancs d'œuf dans 500 grammes d'eau; d'un autre côté, lorsque votre sucre bouillonne, abattez le soulèvement à 3 ou 4 reprises avec cette eau blanche; enlevez l'écume. Si votre sirop n'est pas bien limpide, saupoudrez avec une pincée de crême de tartre pilée une minute avant de le retirer du feu.

Recettes pour donner le moelleux aux liqueurs communes.

Faites bouillir pendant deux heures 500 grammes de racine de guimauve découpée dans 1 litre d'eau; ajoutez cette décoction à 20 litres de liqueur avant de les mettre en bouteille.

Pour l'économie, vous pouvez remplacer la guimauve par la graine de lin.

Recette pour clarifier les liqueurs sans les filtrer.

Un peu d'alun en poudre, jeté et mêlé à votre liqueur, la clarifie sans avoir besoin de la filtrer.

Règle générale pour fabriquer toutes sortes de Liqueurs surfines sans distillation.

Pour 8 litres, prenez 4 kilos de sucre, 2 kilos 750 grammes d'eau; après que le sucre est bien fondu, l'on y ajoute 2 kilos 500 grammes d'esprit de vin et les essences et couleurs qu'on trouve dans les recettes suivantes; après on filtre.

Persico.

Prenez 4 grammes d'essence de persico.

Huile de noyaux.

Prenez 4 grammes d'essence de noyaux.

Huile de rose.

Prenez 10 gouttes d'essence de rose et ajoutez-y la couleur rose : 4 grammes d'extrait de rose peuvent remplacer les 10 gouttes d'essence de rose, et la liqueur est infiniment meilleure.

Huile de vanille.

Prenez 8 grammes d'extrait de vanille et la couleur rose.

Rosolio.

Prenez 4 grammes d'extrait de vanille, 3 gouttes d'essence de rose, 250 grammes d'eau de fleur d'orange, et la couleur rose.

Marasquin.

4 grammes d'essence de marasquin, 1 litre de kirsch-wasser, 500 grammes d'eau, et 500 grammes d'esprit de vin de moins qu'il n'est parlé dans la règle générale.

Anisette.

Prenez 6 grammes d'essence d'anis, 8 gouttes d'essence de cannelle de Ceylan.

Véritable Curaçao de Hollande.

Prenez 8 grammes d'essence de curaçao, 6 gouttes d'essence de cannelle de Ceylan, le sucre et l'eau, dans lesquels on fait bouillir cinq minutes le jus et la râpure de 60 oranges; on les colore avec du caramel. Pour faire rougir le curaçao dans l'eau, l'on fait infuser 15 grammes de cochenille pilée, dans la même liqueur, pendant huit jours ; après on la filtre.

Huile d'ananas.

Prenez 500 grammes d'ananas râpé; infusez huit jours dans l'esprit.

Crême de menthe verte.

Prenez 4 grammes d'essence de menthe et la couleur verte.

Citronnelle.

Prenez 8 grammes d'essence de citron et la couleur jaune.

Baume humain.

Prenez 3 gouttes d'essence de rose, 8 gouttes d'essence de cannelle, 24 gouttes d'essence de cédrat, 8 gouttes d'extrait de macis.

Huile de rhum.

L'on remplace l'esprit par du rhum, et l'on met l'eau en proportion du degré.

Cannelin de Corfou.

Prenez 2 grammes d'essence de cannelle de Ceylan.

Alkermès de Florence.

Prenez 4 grammes de vanille, 4 grammes de cardamomum, 4 grammes de noix muscade, 8 grammes de cannelle de Ceylan; toutes ces substances pilées et infusées trois jours dans l'esprit de vin; après l'on y ajoute 5 gouttes d'essence de rose et la couleur rose.

Garofolino.

Prenez 2 grammes d'essence de girofle et la couleur rose.

Extrait d'absinthe.

Prenez 4 litres d'esprit, 8 grammes d'essence d'absinthe, 8 grammes d'essence de fenouil, 8 grammes d'essence d'anis, 2 litres d'eau et la couleur verte.

Huile de la Martinique.

Prenez 4 grammes d'extrait de vanille, 8 gouttes d'essence de néroli, 8 gouttes d'essence de cannelle.

Crême de nymphe.

Prenez 24 gouttes d'essence de cannelle de Ceylan; 12 gouttes d'extrait de muscade, 4 gouttes d'essence de rose.

Huile de cinamonum.

Prenez 2 grammes d'essence de cannelle de Ceylan; on colore jaune légèrement.

Rose blanche.

Prenez 10 gouttes d'essence de rose, 6 gouttes teinture de musc.

Ruga.

Prenez 250 grammes de rhue infusée huit jours dans l'esprit.

Eau du chasseur.

Prenez 36 gouttes d'essence de menthe, 12 gouttes d'extrait de muscade, couleur verte.

Eau d'or.

Prenez 6 gouttes d'essence de cannelle, 10 gouttes d'extrait de macis, 4 grammes d'essence de citron; on colore couleur de paille avec du jaune, et, après avoir filtré, on y ajoute une feuille d'or pour chaque litre.

Eau d'argent.

Prenez 4 grammes d'essence de cédrat, 4 gouttes

d'essence de rose ; après avoir filtré, on y ajoute une feuille d'argent pour chaque litre.

Eau des belles femmes.

Prenez 4 grammes d'extrait de vanille, 8 gouttes d'essence de néroli, 2 gouttes d'essence de rose, et la couleur rose.

Parfait amour.

Prenez 36 gouttes d'extrait de girofle, 12 de macis, 4 grammes d'essence de citron, et la couleur rose.

Coquette flatteuse.

Prenez 6 gouttes d'essence de rose, 12 gouttes de teinture de musc et 8 d'essence de cannelle.

Eau de noix.

Prenez 110 noix vertes pilées, 30 grammes de clous de girofle, 62 grammes de cannelle; infusez dans 20 litres d'eau-de-vie pendant quatre semaines ; ensuite on tire au clair et l'on y ajoute 5 kilos de sirop ordinaire.

Elixir de néroli.

Prenez 16 grammes de myrrhe pilée, 24 gouttes d'essence de néroli ; infusez pendant huit jours dans l'esprit.

Huile de thé.

Prenez 62 grammes de thé impérial ; infusez huit jours dans l'esprit.

Huile de girofle.

Prenez 4 grammes d'essence de girofle et la couleur rose.

Crême de cédrat.

Prenez 8 grammes d'essence de cédrat.

Crême de rose.

Prenez 10 gouttes d'essence de rose et la couleur rose.

Crême d'orange.

Prenez 8 grammes d'essence d'orange et la couleur jaune.

Crême de jasmin.

Prenez 12 grammes d'extrait de jasmin.

Crême à la fleur d'orange.

Prenez 500 grammes d'eau de fleur d'orange triple.

Crême de Portugal.

Prenez 8 grammes d'essence de Portugal et la couleur jaune.

Ratafia de Grenoble.

Prenez 26 kilos de creises noires pilées ; on les laisse fermenter trois jours, après on y ajoute 15 litres d'eau-de-vie, 62 grammes de cannelle, 30 grammes de noix muscade concassée ; on laisse infuser le tout huit jours, après on le tire au clair et on y ajoute 5 kilos de sirop.

Ratafia de coings.

Prenez 2 kilos de coings écrasés ; infusez huit jours dans l'esprit.

Ratafia de fraises.

Le jus de 1 kilo $^1/_2$ de fraises.

Ratafia de framboises.

Le jus de 1 kilos $1/2$ de framboises.

RATAFIA DE MÉNAGE.

Ratafia de Cerises.

3 kilo cerises,
1 kilo $1/2$ framboises,
1 kilo $1/2$ groseilles.

Epluchez, écrasez et laissez fermenter 24 heures; exprimez le suc à travers un linge un peu serré; versez sur chaque litre de suc 1 litre bonne eau-de-vie, 180 grammes de sucre, 15 grammes amandes d'abricots, 1 gramme girofle, 2 grammes macis et 2 grammes de cannelle concassés ensemble; si le ratafia est trop faible, ajoutez du 3/6. Exposez au soleil quinze jours en remuant de temps en temps; laissez ensuite clarifier et mettez en bouteille.

Ratafia de Noix.

5 litres eau-de-vie, 100 noix dont la coque n'est pas formée, 2 grammes de girofle, 3 grammes canelle; concassez le tout; laissez infuser un mois; passez à travers un tamis; laissez égouter et jetez le marc; adoucissez avec du sirop, et mettez en bouteille.

Ratafia de Coings.

Nettoyez la surface cotonneuse de vos coings, que vous choisissez bien mûrs; râpez jusqu'au pepin, que vous jetez; ajoutez 3 grammes cannelle, 2 grammes girofle concassée; laissez fermenter dans un endroit tempéré pendant vingt-quatre heures; exprimez à travers un linge; sur 6 litres de suc mettez 4 litres eau-de-vie, 1 litre alcool; adoucissez avec du sirop; au bout de quelques jours vous filtrez et mettez en bouteille.

Ratafia de fleurs d'oranger.

Au moment des fleurs d'oranger, on fait la cueillette tous les jours; on monde les fleurs de leurs calices; on place les pétales par lits avec du sucre en poudre dans un vase bien couvert; les fleurs se conservent et le sucre se sature de parfum; la récolte achevée, on procède à la préparation de la liqueur. On a dû calculer la quantité de sucre: s'il s'en trouve 4 livres d'employé, versez sur le mélange 6 litres eau-de-vie; bouchez bien votre vase, que vous lutez avec une bande de papier, enduite de colle de farine; mettez ensuite au bain-marie à une chaleur très douce pendant cinq à six heures; retirez du feu, filtrez et mettez en bouteille.

Ces exemples suffiront pour diriger l'amateur dans la fabrication de tous les ratafias de ménage.

Colorez les ratafias qui n'ont pas de couleur comme les autres liqueurs.

Liqueur stomachique amère.

Prenez 30 grammes de cachou, 10 grains d'aloès sucotrin, 4 grammes de myrrhe, 30 grammes de cannelle, le tout infusé huit jours.

Huile d'éther.

Prenez 4 grammes d'essence de cédrat, 4 grammes d'éther sulfurique.

Huile de kirsch-wasser.

L'on remplace l'esprit par du kirsch, et l'on met moins d'eau en proportion du degré.

Huile de menthe.

Prenez 4 grammes d'essence de menthe.

Huile de violette.

Prenez 62 grammes de fleurs de violettes sèches; faites-les bouillir 2 minutes avec le sucre et l'eau de la composition.

Huile de myrrhe.

Prenez 30 grammes de myrrhe pilée; infusez huit jours dans l'esprit.

Huile cordiale.

Prenez 8 gouttes d'essence de cannelle de Ceylan, 6 gouttes d'essence de girofle, 6 gouttes d'extrait de muscade et 15 gouttes d'essence de menthe.

Rosolio de Breslau.

Prenez 4 grammes de vanille, 4 gouttes d'essence de rose, 6 gouttes d'essence de néroli, le sucre et l'eau; que l'on fait bouillir cinq minutes avec le jus de 6 oranges et 30 grammes de capillaire.

China china.

30 grammes quina jaune,
15 grammes fernambouc moulu,

5 grammes canelle de Chine.
5 grammes écorce de Bigarade.
5 grammes fleurs de camomille.

Pilez grossièrement le tout ensemble ; laissez infuser trois à quatre jours dans l'esprit ; passez à travers un linge avec expression.

On peut le faire également par distillation, ainsi que les six recettes suivantes.

Véritable Curaçao de Hollande.

Zestes de 10 belles oranges amères.

6 grammes canelle, 6 grammes macis, 30 grammes fernambouc moulu ; concassez le tout, et laissez infuser dans l'esprit pendant huit jours ; colorez au caramel. Ajoutez un peu de sirop si votre liqueur est trop forte.

Baume de Molusques.

Pour 8 litres, 4 kilos sucre, 2 kilos 750 grammes d'eau, 2 kilos 500 esprit, 30 grammes girofles pilés. 8 grammes macis pilé ; laissez infuser huit jours dans l'esprit ; colorez avec du caramel; filtrez et mettez en bouteille.

Larmes des veuves de Malabar.

30 grammes cannelle, 6 grammes girofle, 6 grammes macis pilés ensemble ; colorez légèrement au caramel. Opérez comme pour la précédente.

Délices de mandarin.

30 grammes anis étoilé pilé grossièrement,
30 grammes graines d'ambrette pilée,

16 grammes safranum.

Colorez au caramel et opérez comme ci-dessus.

Soupir d'amour.

Essence de rose en quantité suffisante, 5 à 6 gouttes; colorez rose avec de la cochenille ; ajoutez du sirop si votre liqueur n'est pas assez sucrée.

Crême de macarons.

245 grammes amandes amères pelées à l'eau chaude, pilées ensuite avec un peu de sucre ; 6 grammes girofles, 6 grammes cannelle, 6 grammes macis ; le tout pilé et infusé dans l'esprit couleur violette.

Eau-de-vie anisée.

4 litres esprit, 3 grammes essence d'anis, 1 gramme essence de fenouil, 1 gramme de gomme gayac pilée; laissez dissoudre un quart-d'heure dans l'esprit; ajoutez doucement de l'eau jusqu'à ce que votre liqueur devienne louche; ce qui arrive lorsqu'elle est à 18 ou 19 degrés.

Eau blanche.

4 litres esprit de vin bon goût, 3 grammes essence de badiane, 1 d'essence de fenouil, 1 gramme de gomme de gayac pilée.

Opérez comme pour l'eau-de-vie anisée.

Eau d'arquebusade.

1/4 gramme essence de menthe,

1/2 gramme essence de lavande fine,

$^1/_2$ gramme essence de thym,
$^1/_2$ gramme essence de romarin,
$^1/_2$ gramme essence d'absinthe,
$^1/_2$ gramme essence de sauge.

Faites dissoudre dans 4 litres d'esprit, et réduisez au degré convenable avec de l'eau pure.

Eau de mélisse composée.

375 grammes feuilles de mélisse, 62 grammes zeste de citrons, 31 grammes cannelle, 31 grammes girofle, 31 muscades, 16 coriandre, 16 racine d'angélique, alcool 2 litres et $^1/_2$; coupez la mélisse et les citrons; concassez les autres substances; laissez macérer le tout pendant quatre jours; décantez et filtrez; ajoutez du sirop en quantité suffisante.

En distillant votre esprit vous obtenez une liqueur plus suave.

Elixir de Garus

16 grammes d'aloès, 8 de myrrhe, 16 de safran, 8 de cannelle, 8 de girofle, 8 de muscade, 2 litres $^1/_2$ d'alcool; laissez macérer pendant quatre jours vos substances, que vous avez mises grossièrement pilées; décantez et ajoutez la quantité nécessaire de sirop pour l'adoucir.

Colorez avec une infusion de safran macéré dans 125 grammes d'eau de fleurs d'orange.

Vous pouvez distiller comme la précédente.

Liqueur de la Grande-Chartreuse par infusion.

20 grammes coriandre, 6 grammes fenouil de Florence, 10 grammes anis vert, 4 grammes semence

de persil, 6 cannelle de Chine, 3 grammes de girofle, 4 grammes d'essence de macis, 6 grammes semence d'angélique, 1 goutte d'essence de menthe.

Concassez et laissez infuser huit jours dans 2 litres esprit; passez à travers un linge avec expression; ajoutez le sucre et l'eau désignés à la recette générale; le sucre à l'état de sirop conviendrait mieux. Vous pouvez la faire par distillation en mettant tous vos ingrédients infuser pendant 4 jours dans un litre esprit, que vous retirerez par la distillation.

Règle générale pour la distillation.

L'on mettra premièrement 2 kilos $1/2$ d'eau dans l'alambic et 500 grammes d'esprit avec les aromates que l'on trouve dans les recettes suivantes; l'on distille jusqu'à ce qu'on ait reçu les 500 grammes d'esprit; alors la distillation est finie. Pendant que cette distillation s'opère, l'on mettra dans une terrine de terre 4 kilos de sucre et 2 kilos 750 grammes d'eau; quand le sucre est bien fondu, on ajoute 2 kilos d'esprit et les 500 grammes provenant de la distillation; après on filtre.

Anisette de la Martinique.

Prenez 250 grammes d'anis vert, 62 grammes d'anis étoilé, 16 grammes de cannelle de Ceylan.

Crême de moka.

Prenez 250 grammes de café grillé; on le met entier dans l'alambic.

Elixir de Garus.

Prenez 8 grammes de myrrhe, 8 grammes d'aloès sucrotin, 8 grammes de noix muscade, 8 grammes de clous de girofle, 30 grammes de cannelle de Ceylan; on colore jaune.

Mirabolenti.

Prenez 125 grammes de mirabolenti, 62 grammes de cardamomum.

Curaçao distillé.

Prenez 500 grammes d'écorce de curaçao, 30 grammes de cannelle de Ceylan ; infusez trois jours dans l'esprit; après on distille. Le sirop se prépare comme le curaçao précédent.

Verdolino de Turin.

Prenez 16 grammes de myrrhe, 30 grammes de cannelle de Ceylan, 62 grammes de cardamomum, couleur verte.

Eau divine.

Prenez 30 grammes de cannelle de Ceylan, 125 grammes de cacao, 4 grammes de myrrhe.

Eau romaine.

Prenez 16 grammes de noix muscade, 30 grammes de cannelle de Ceylan, 30 grammes de calamus aromaticus.

Huile de Vénus.

Prenez 30 grammes de cardamomum, 30 grammes d'ambrette, 30 grammes de cannelle de Ceylan, 8 grammes de macis, le jus et l'écorce de 6 oranges.

Lait des vieilles.

Prenez 187 grammes de cacao, 30 grammes de cannelle de Ceylan, 30 grammes de semence de carotte.

Eau du paradis.

Prenez 125 grammes de cacao, 62 grammes de cardamomum, 30 grammes de cannelle de Ceylan.

Anisette de Bordeaux.

Prenez 250 grammes d'anis vert, 30 grammes de coriandre, 16 grammes de cannelle de Ceylan.

Eau-de-vie d'Antzic.

Prenez 125 grammes de cacao, 30 grammes de cannelle de Ceylan, 16 grammes de macis, le zeste de 4 citrons, et après avoir filtré, mettez une feuille d'or pour chaque litre.

Eau-de-vie d'Andaye.

Prenez 62 grammes d'iris en poudre, 62 grammes de graine de genièvre, 62 grammes d'anis vert, 62 grammes de graine d'angélique, 30 grammes de cannelle; on met moitié moins de sucre que pour les autres liqueurs.

Eau de la Côte-St-André.

Prenez 500 grammes d'amandes de pêches, 30 grammes de cannelle de Ceylan, le zeste de 10 oranges.

Cédrat de la Côte-St-André.

Le zeste de 10 cédrats, 16 grammes de canelle.

Champ-d'Asile.

Prenez 62 grammes de carvi, 62 grammes d'ambrette, 30 grammes de cannelle de Ceylan.

Eau de Malte.

Prenez 30 grammes de cannelle, 4 grammes de castoréum, 8 grammes de macis.

Vespétro.

Prenez 62 grammes de graines d'angélique, 30 grammes de cannelle, 8 grammes de macis, le zeste de 10 citrons.

Scubac d'Irlande.

Prenez 90 grammes de fenouil de Florence, 62 grammes de cannelle de Ceylan, 8 grammes de noix muscade; on colore jaune très foncé.

Macaroni.

Prenez 500 grammes d'amandes amères, 30 grammes de cannelle de Ceylan, 16 grammes de noix muscade.

Eau cordiale.

Prenez 8 grammes de myrrhe, 30 grammes de cannelle de Ceylan, 62 grammes de cardamomum.

Crême d'absinthe.

Prenez 187 grammes d'herbe d'absinthe, 62 grammes d'anis.

Crême d'angélique.

Prenez 62 grammes de racine d'angélique.

Crême impériale.

Prenez 30 grammes de semence de carotte, 30 grammes de cannelle de Ceylan, 62 grammes de semence d'angélique, 62 grammes d'iris en poudre.

Crême royale.

Prenez 30 grammes de clous de girofle, 4 grammes de myrrhe, 30 grammes de cannelle, 62 grammes de carvi.

Huile de Jupiter.

Prenez 62 grammes de fenouil, 62 grammes de cannelle, 62 grammes de cacao, 30 grammes d'iris.

Huile d'anis des Indes.

Prenez 187 grammes de badiane, 30 grammes de cannelle de Ceylan.

Huile d'absinthe.

Prenez 250 grammes d'herbe d'absinthe.

Huile d'angélique.

Prenez 90 grammes de racine d'angélique, 30 grammes de cannelle de Ceylan.

Huile de céleri.

Prenez 90 grammes de semence de céleri.

Véritable absinthe du Couvet, en Suisse.

Prenez 5 litres d'esprit, 4 litres d'eau, 450 grammes d'herbe d'absinthe, 220 grammes de fenouil de Florence, 450 d'anis, 62 grammes d'herbe de menthe, le tout infusé huit jours; on distille pour retirer les 5 litres esprit; on réduit à 26 degrés avec de l'eau, puis on colore olive.

Absinthe première qualité par distillation.

9 litres alcool,
1 kilo sommités de grande absinthe,
500 grammes de petite,
62 grammes racine d'angélique }
62 grammes calamus } concassés,
31 grammes badiane }
16 grammes dictam de Crète.

Faites macérer 15 jours dans l'alcool; distillez pour retirer 5 litres; ajoutez 3 ou 4 grammes essence d'anis et de l'eau pour la réduire à 24 degrés, quantité suffisante.

Eau vulnéraire.

Vous distillez les 4 litres esprit restant dans l'alambic, qui vous donnent l'eau vulnéraire que vous mettez au degré convenable en ajoutant de l'eau.

Pour colorer votre absynthe, jetez dedans une pincée de feuilles de mélisse hyssope et véronique; vous la décantez lorsque vous la trouvez assez verte.

Crême de menthe digestive.

125 grammes feuilles de menthe,
90 grammes coriandre
8 grammes macis } concassés.
8 grammes ambrette.

1 kilo d'esprit 3/6. Laissez infuser vingt-quatre heures et distillez; ajoutez ensuite 750 grammes de sirop de sucre clarifié; mélangez et mettez en bouteille.

Couleur olive.

On colore la liqueur d'un beau bleu de ciel, et pour la rendre olive, on y ajoute du sucre brûlé.

Couleur rose pour toutes les liqueurs.

Prenez 30 grammes de cochenille pilée, 62 grammes de cendres de bois, 1 kilo d'eau; on fait bouillir cinq minutes dans une casserole de terre, et l'on colore la liqueur à volonté.

Couleur jaune.

Prenez 4 grammes de safran infusé dans un verre d'eau chaude.

Couleur verte.

On prend des tablettes de bleu cannelé, que les épiciers vendent pour le linge; on en fait dissoudre dans un verre d'eau chaude; l'on colore la liqueur d'un beau bleu de ciel, et pour la rendre verte, l'on y ajoute de la teinture de safran.

Couleur violette.

On colore la liqueur rose pâle, et l'on y ajoute un peu de bleu.

Règle générale pour les Glaces à la crême.

Prenez 1 kilo ½ du meilleur lait, le jaune de 8 œufs et 375 grammes de sucre; on fait cuire sur un feu doux de la manière habituelle, avec les aromates que l'on trouve dans les recettes suivantes, selon la qualité que l'on désire faire. On passe au tamis.

Crême au chocolat.

Prenez 187 grammes de chocolat superfin râpé dans un peu de crême.

Crême à la vanille.

Prenez 4 grammes de vanille de la première qualité.

Crême au café.

Prenez 147 grammes de café grillé ; on le met entier dans le lait.

Crême aux amandes grillées.

Prenez 125 grammes d'amandes amères coupées en quatre et grillées comme l'on fait griller le café.

Crême aux pistaches.

Prenez 125 grammes de pistaches ; on les fait blanchir dans l'eau chaude, puis on les pelle et on les coupe en quatre.

Crême à la fleur d'orange.

Prenez 125 grammes de fleurs d'orange confites, bien pilées avec du sucre.

Crême au cédrat.

Prenez la râpure de 4 cédrats.

Crême à la cannelle.

Prenez 16 grammes de cannelle de Ceylan.

Nota. Pour toutes les liqueurs appelées crêmes, on fait bouillir le sucre et l'eau 5 minutes.

Règle générale pour les Glaces au fruit.

Prenez 1 kilo de sirop bien cuit, 500 grammes d'eau avec le parfum indiqué ci-dessous.

Glace au fraisier.

Prenez le jus de 1 kilo de fraises et de 3 citrons.

Glace au citron.

Prenez le jus de 12 citrons.

Glace aux framboises.

Prenez le jus de 1 kilo de framboises et de 3 citrons.

Glace aux pêches.

Prenez le jus de 1 kilo de pêches et de 3 citrons.

Glace aux abricots.

Prenez le jus de 1 kilo d'abricots et de 3 citrons.

Glaces à la rose.

Prenez 500 grammes d'eau de rose, le jus de 6 citrons et la couleur rose.

Glace à la fleur d'orange.

Prenez 187 grammes d'eau de fleur d'orange et le jus de 6 citrons.

Glace à la cannelle.

Prenez 187 grammes d'eau de cannelle de Ceylan distillée et le jus de 6 citrons.

Glace aux oranges.

Prenez le jus de 10 oranges.

Glace au marasquin.

Prenez 20 gouttes d'essence de marasquin et le jus de 4 citrons.

Recettes pour les Vins.

Vin de Malaga.

Prenez 14 litres de bon vin blanc, 2 kilos de sucre en poudre, 8 grammes de cachou, 16 grammes de fleurs de cartame, 1 kilo de véritable raisin sec de Malaga, pilé comme une pâte de beurre; faites bouillir le tout ensemble pendant une minute; après que ce mélange est froid, donnez-lui la couleur avec du sucre brûlé; filtrez le tout et mettez-le dans un tonneau goudronné exprès. Comme il faut soufrer le tonneau pour le vin blanc, vous y ajoutez 1 litre d'esprit de vin.

Vin de Lacryma-Christi.

Prenez 12 kilos $^{1}/_{2}$ de bon vin rouge, 250 grammes raisin de corinthe, 1 kilo de sucre, 62 grammes de fleurs de pavot, 16 grammes de safranum, 4 grammes de cachou; on fait bouillir le tout une seule minute; après qu'il est froid, l'on y ajoute 625 grammes d'esprit de vin, et on filtre.

Vin muscat de Frontignan.

Prenez 14 litres de vin blanc ordinaire, 1 kilo de sucre, demi-kilogramme de raisin muscat sec, 4 grammes de noix muscade râpée, 4 grammes de fleur de sureau, le tout bien délayé et infusé; huit jours après on y ajoute demi-litre d'esprit de vin, et on filtre.

Vin de Madère.

Prenez 14 litres de vin blanc, 1 kilo de sucre, 1 kilo de figues sèches pilées, 62 grammes de fleurs de tilleul, 4 grammes de rhubarbe orientale, $^{1}/_{4}$ de gramme d'aloès sucotrin; pilez le tout grossièrement, faites bouillir pendant une minute, et après filtrez; ajoutez ensuite 1 litre d'esprit de vin.

Vin de Champagne mousseux.

Prenez 14 litres de vin blanc très blanc, 1 kilo $^{1}/_{2}$ de sucre en pain, 4 grammes de semence de céleri pilé, 62 grammes de bi-carbonate de soude, 62 grammes d'acide tartarique; après que le tout est bien fondu, on y ajoute 375 grammes d'esprit de vin, on filtre et on met en bouteille.

Vin d'Alicante.

Prenez 16 litres bon vin rouge,
2 kilos sucre, 2 kilos raisins de Corinthe,
5 grammes galanga pilé, 3 grammes de cannelle pilée,
3 grammes de girofle pilée. Faites du tout une pâte, en ajoutant le vin à mesure; filtrez et mettez dans un tonneau goudronné ; ajoutez 1 litre esprit, et filtrez

Vin de Bordeaux.

Mêlez un tiers vin de Mâcon, qualité passable,
1 tiers vin de Tavelle,
1 tiers vin blanc du Bugey.
Laissez tremper dans le tonneau des morceaux de goudron pour bouteille jusqu'à ce qu'il en ait le goût suffisamment.

Eau-de-vie de Cognac.

Prenez 100 litres d'esprit, 125 grammes de fleurs de tilleul, 62 grammes de thé, 30 grammes de cachou brut pilé, 8 grammes de rhubarbe pilée, 8 grammes de noix muscade pilée, 1 gramme d'aloès sucotrin; faites infuser le tout pendant huit jours, et aprés on le réduit avec de l'eau de pluie, et l'on y ajoute d'un verre jusqu'à quatre verres de jus de raisin par velte.

Recette pour vieillir l'eau-de-vie.

Faites macérer dedans des copeaux de bois de chêne ; cela la colore également.

Vermouth de Turin.

Pour 25 litres vin blanc ordinaire sec ou doux, ou mêlé par moitié suivant le goût du pays, prenez 1 litre esprit de vin. Vous y mettrez infuser, pendant quatre jours, 62 grammes feuilles de grande absinthe, 32 grammes centaurée mineure, 38 grammes d'énula campana, 8 grammes de galanga, 8 grammes de zédoaire, 32 grammes quina jaune (pilez tout ensemble), l'écorce de 6 oranges, 8 grammes fleurs de sureau.

Passez à travers un linge avec expression; mêlez au vin blanc; ayez soin de mettre du vin blanc sur vos substances pour en extraire l'esprit qui resterait; passez de nouveau, ajoutez au tout; après avoir filtré, mettez en bouteille.

EAU DE COLOGNE SUPÉRIEURE.

1 litre alcool à 33 degrés, 8 grammes essence de citron, 8 grammes essence de bergamotte, 4 grammes essence de cédrat, 2 grammes essence de lavande, 2 grammes eau de fleurs d'orange, 2 grammes eau de rose, 4 grammes teinture de benjoin, 2 grammes teinture de musc, 2 gouttes essence de rose; agitez, filtrez et mettez en flacon.

EAU DE COLOGNE FINE.

1 litre alcool, 24 gouttes de chaque essence, de néroli, cédrat, orange, citron, bergamotte et romarin, 2 grammes teinture de benjoin.

Véritable Elixir de longue-vie.

Prenez 1 litre d'esprit de vin à 33 degré, 2 litres d'eau-de-vie à 22 degrés, 62 grammes d'aloès sucotrin, 8 grammes de zédoaire, 8 grammes de gentiane, 16 grammes de rhubarbe, 8 grammes d'agaric blanc pilés ensemble, 30 grammes de thériaque de Venise, 16 grammes de safran ; le tout infusé pendant huit jours; passez ensuite au filtre.

Limonade gazeuse en paquet.

Prenez 30 grammes de sucre, 4 grammes de bicarbonate de soude, ces deux substances bien pilées ensemble et conservées dans du papier. Quand on veut faire la limonade, on a dans un autre papier 4 grammes d'acide tartarique en poudre ; on mêle le tout ensemble et on le verse dans un grand verre d'eau.

Limonade gazeuse liquide.

Sucre très blanc, 1 kilo 500 grammes; citrons, 12; crême de tartre bien pure, 96 grammes ; eau filtrée, 16 litres ; enlevez le zeste ou la première écorce des citrons de manière qu'il ne reste que les cellules dans lesquelles est renfermé le suc; coupez les citrons par tranches très minces; cassez le sucre par morceaux, et réduisez-le en pâte grossière avec les tranches de citron et la crême de tartre pilée finement; versez enfin par-dessus l'eau filtrée chaude, et ajoutez le zeste de deux citrons coupés par petits morceaux pour aromatiser; laissez macérer le tout pendant vingt-quatre heures en agitant de temps en temps, passez ensuite à travers d'un linge ou d'un tamis à mailles serrées, et mettez en bouteilles, qui devront être hermétiquement bouchées et solidement ficelées ; placez-les droites à la cave : au bout de quinze jours la fermentation aura lieu et la limonade pourra être bue.

Kirsch-wasser.

Prenez 4 litres d'esprit, 4 grammes d'essence de noyaux et 20 gouttes d'essence de néroli ; après l'on y ajoute 2 litres d'eau.

Eau de fleur d'orange.

Prenez 4 grammes de néroli surfin : on les met dans un verre avec de la magnésie ; on fait une pâte dure ; après on la délaie dans 6 bouteilles d'eau, et on filtre.

Eau de rose.

Prenez 4 grammes d'essence de rose pour 12 litres d'eau préparée comme la recette ci-dessus.

Bière de gingembre anglaise.

Prenez 5 kilos d'eau, 460 grammes de sucre, le jus et la râpure de 2 citrons, 48 grammes de gingembre pilé, 30 grammes de levure de bière ; on laisse fermenter le tout pendant quarante-huit heures, on filtre ensuite et on met en bouteille.

Moutarde de santé.

Prenez 46 litres de bon vinaigre, 62 grammes clous de girofle, 62 grammes cannelle, 30 grammes d'essence de citron, 16 grammes de cayenne des Indes. 500 grammes d'herbes d'estragon, 125 grammes d'herbe de thym ; infusez le tout pendant huit jours.

Ajoutez ensuite 500 grammes de ciboule pilée; pressez le tout à la presse, et filtrez. Ensuite on y mélange 18 kilos farine de moutarde, 2 kilos de fécule de pommes de terre, 2 kilos de sucre; mélangez bien le tout.

Composition pour rendre les étoffes imperméables.

Prenez 452 grammes d'alun, que vous mettrez dissoudre dans trois litres d'eau chauffée à 66 degrés Réaumur, 640 grammes sel de saturne fondu dans un litre et demi d'eau chauffée à 53 degrés.

Les dissolutions étant parfaitement faites, agitez à plusieurs reprises, laissez reposer, soutirez avec précaution les liqueurs parfaitement claires et limpides.

Les étoffes sont trempées dans ces liqueurs réunies à la température ordinaire pendant vingt-quatre heures, suivant leurs épaisseurs, et on les laisse sécher à l'air.

Vin à 5 centimes le litre.

On sait que les habitants de Paris n'ont pour se désaltérer en été, durant les fortes chaleurs, que le coco ou infusion de réglisse, le petit cidre fabriqué avec du sirop de fécule et de fruits secs, la petite bière et la cuvée du marchand de vin; la moins insalubre de ces boissons, souvent altérées, c'est le coco; voici la manière de l'améliorer afin d'obtenir une boisson vineuse pour le ménage.

Crême de tartre en poudre,	100 grammes;
racine de réglisse,	240 grammes;
litres d'eau,	4.

On met dans un chaudron, l'eau, la crème de tartre et la réglisse coupée en morceaux, ou broyée avec un marteau; on fait bouillir un quart-d'heure, on verse le tout dans un baquet ou autre vase, on ajoute 17 litres d'eau, on laisse reposer deux heures au plus; on tire ensuite le liquide au clair, on le met dans un baril ou une grande cruche; on verse dans 20 litres de cette infusion, 1 litre d'alcool ou esprit de vin à 33 degrés, ou 2 litres d'eau-de-vie à 18 ou 19 degrés; on mêle et on laisse reposer quelque temps; on obtient ainsi une boisson saine, agréable, qui surpasse en vinosité le cidre, la bière, et même quelques vins que l'on vend 50 centimes le litre.

On peut varier cette composition de la manière suivante qui est préférable :

Crème de tartre, 100 grammes;
Vinaigre, 250 grammes;
Sucre brut, mélasse ou miel, 750 grammes;
Eau, 20 litres; alcool 3/6, 1 litre, ou eau-de-vie à 19 degrés, 2 litres.

On fait fondre la crème de tartre avec le sucre dans 2 litres d'eau; on donne un quart-d'heure d'ébullition, après quoi on fait le mélange; on laisse reposer du soir au lendemain dans un endroit frais; on aromatisera, si l'on veut, avec un ou deux citrons coupés en tranches minces et infusées dans un peu d'eau bouillante.

On met dans la liqueur un nouet de coriandre et de fleurs de sureau, ou de feuilles de pêcher.

Autre recette d'un très bon effet.

Groseilles rouges, 4 kilos;
Framboises, 128 grammes;

Sucre terré, 1 kilo;
Eau pure, 20 litres;
Alcool $^3/_6$, 1 litre.

On met les groseilles dans un chaudron avec 1 litre d'eau; on fait bouillir un quart-d'heure, on passe dans un linge avec pression, on ajoute les framboises en retirant les groseilles du feu, on fait fondre le sucre dans la liqueur encore chaude sans faire bouillir, on ajoute l'eau nécessaire et l'alcool, on mêle, on met dans un baril, et on laisse reposer un jour; on tire le tout en bouteille.

Cette boisson revient à 10 centimes dans Paris, et vaut beaucoup mieux que le cidre, la bière, et certains vins à bas prix : on a l'avantage de préparer sa boisson soi-même. Lorsque les groseilles seront passées, on peut se servir du suc de cassis, de cerises, de prunes, de cornioles, de sorbes. de prunelles, de pommes tombées, ou en maturité; on écrase ces fruits, on les fait bouillir dans de l'eau pendant une demi-heure avec la mélasse, on ajoute de l'eau pour achever les 20 litres, on laisse fermenter pendant deux ou trois jours. Si la fermentation ne s'établit pas le premier jour, on ajoute un morceau de pain trempé dans de la levure de bière, ou un peu de levain de boulanger; lorsque la boisson ne travaille plus, on ajoute l'alcool ou l'eau-de-vie, on laisse reposer et on met en bouteille; on verse un peu d'eau sur le marc, et on obtient une petite boisson que l'on consomme de suite.

Je recommande la pratique de ces recettes aux chefs d'atelier, aux fermiers, aux ménages peu aisés. Je pense que dans les circonstances malheureuses qui laissent souvent les ouvriers sans travail, les sociétés de bienfaisance devraient faire composer quelques-unes de ces boissons pour les distribuer, à bas prix, aux familles indigentes; ces distributions seraient aussi utiles que celles du bouillon et des légumes; les femmes et les enfants y trouveraient une boisson saine et agréable pour les fortifier et les désaltérer en même temps.

Vin de son aux fruits.

Son de froment, 4 à 5 kilos; faites une décoction dans de l'eau de rivière avec des groseilles épluchées, écrasées, ou d'autres fruits faciles à se dissoudre; passez à travers un tamis pour séparer le jus, remplissez un tonneau; la fermentation ne tarde pas à s'établir, aussitôt qu'on s'aperçoit que l'écume cesse de jaillir par la bonde, on bouche le tonneau exactement; votre vin est prêt à boire.

Liqueur champenoise.

2 kilos sucre blanc raffiné, 30 grammes coriandre, 30 grammes fleurs de sureau, 30 grammes zeste de citrons amers, 500 grammes orge en grains, 30 grammes fleurs de tilleul; 30 grammes iris de Florence; pilez le tout grossièrement et mettez-le dans 25 litres eau de rivière ou distillée, laissez fermenter cinq ou six jours, en ayant soin de brasser et d'agiter tous les jours; filtrez ensuite et mettez en bouteille, en ficelant les bouteilles.

Recette pour la bière à 5 centimes.

100 litres d'eau, 500 grammes de houblon, 8 kilos de son de froment, 5 kilos sirop de fécule ou mélasse;

faites sécher le son au four pendant une demi-journée, faites-le bouillir deux heures dans les 100 litres d'eau ; soutirez au clair.

Remettez dans la chaudière et ajoutez le sirop.

Tenez le liquide de 70 à 75 degrés pendant une heure environ.

Ajoutez le houblon, faites bouillir deux heures, tirez au clair et laissez refroidir.

Dès que le liquide est tiède, on met en levure, en ajoutant de la levure de bière pour obtenir la fermentation ; vous collez quand la fermentation est apaisée et vous mettez en cruche.

Ajoutez 2 grammes aloès avec le houblon, pour donenr plus d'amertume.

Moyen de faire mousser la bière de suite.

Prenez 31 grammes gomme arabique, 62 grammes sucre, 31 grammes bi-carbonate de soude pilé fin; ajoutez une petite pincée à chaque cruche avant de la boucher. Le lendemain, votre bière sera mousseuse.

Cidre de Berg op zoom.

10 litres d'eau, 625 grammes cassonade ordinaire, $1/5$ litre de vinaigre, 6 grammes fleurs de sureau, 4 grammes de coriandre pilée, 2 grammes de fleurs de violette ; le tout infusera à froid pendant trois jours ; remuez trois ou quatre fois par jour ; mettez en bouteille et ficelez ; couchez ensuite les bouteilles pendant quatre jours si c'est à la cave, et deux jours et demi si l'endroit est chaud.

Cette boisson est fort gazeuse ; elle ressemble beaucoup au cidre par le goût, est très digestive et peu coûteuse.

Recette pour fabriquer le chocolat de santé surfin et à la vanille.

Pour 5 kilos à 5 kilos 1/2 de chocolat,
Prenez 1 kilo 1/2 de cacao caraque,
Et 2 kilos de cacao maragnon.

Torrifiez dans un brûloir à café, jusqu'à ce qu'en pressant le cacao entre vos doigts, l'écorce se brise et se sépare facilement du fruit; sortez du brûloir; écrasez dans un tamis en fil de fer, avec une brique ou un morceau de bois cannelé, votre cacao qui passera à travers votre tamis, dont les trous doivent être la moitié de la grosseur de votre cacao.

Vous vannez ensuite votre cacao pour séparer l'amande des coquilles.

Vous remettez le cacao séparé de ses coquilles dans votre brûloir sur un feu doux, afin de ne pas le brûler, ce qui donnerait un mauvais goût au chocolat. Vous chauffez votre cacao 5 minutes, vous le mettez dans la conche, en ayant soin de le couvrir d'un linge pour le tenir toujours chaud.

Vous le broyez ensuite, avec le rouleau, sur votre pierre à chocolat, que vous devez tenir toujours chaude modérément au moyen d'une chaufferette placée sous la pierre, dont vous entretenez le feu; en conséquence, lorsque ce cacao est bien broyé en le repassant deux fois sur la pierre, vous ajoutez 2 kilos 1/2 de sucre Bourbon ou Martinique, le plus sec que vous pourrez trouver, et vous repasserez sur la pierre votre cacao et votre sucre, que vous avez préalablement mêlés ensemble dans votre conche, avec une grande spatule en bois. Vous ajouterez avant la dernière passée 30 grammes de cannelle de Ceylan pulvérisée bien fine; comme votre chocolat serait trop liquide pour mettre en moule, vous ajouterez de l'eau tiède en le travaillant dans la conche avec la spatule, jusqu'à ce qu'il ait une consistance qui permettra de le manier avec les mains. Vous le pesez ensuite par quantités de 125 ou 250 grammes, suivant le poids que vous désirez donner à vos tablettes, et les mettez dans vos moules, que vous battez sur une planche à rebords, jusqu'à ce que votre chocolat soit bien égalisé. Vous retirez le lendemain votre chocolat des moules, dont il sort facilement; vous aurez soin de mettre vos moules sur une table bien d'aplomb. Pour le faire à la vanille, vous y mettrez 15 grammes de vanille que vous avez pilée avec un peu de sucre, que vous ajoutez à votre chocolat avant la dernière passée, ou bien vous faites infuser votre vanille dans un peu d'eau contenue dans un ustensile en étain, fermant bien hermétiquement, et vous vous servez de cette eau qui a pris tout le parfum de la vanille pour donner le corps nécessaire à votre chocolat, avant de le mettre en moule; de cette manière, le parfum est plus délicat, n'ayant pas été mis en contact avec le feu.

Encre pour écrire, faite à la minute.

250 grammes vin blanc,
30 grammes noir d'ivoire pilé,
2 grammes indigo pilé,
8 grammes gomme arabique pilée,
30 grammes sucre pilé.

Mélangez le tout, et faites chauffer à 25 degrés.

Encre pour marquer le linge.

Prenez 30 grammes de sous-carbonnate de potasse fondu dans 15 grammes d'eau bouillante. Ajoutez 16 grammes de rognure de peau de veau coupée par petits morceaux, 8 grammes de fleurs de soufre ; faites cuire le tout dans une cuiller de fer jusqu'à ce qu'il soit sec; ensuite faites chauffer vivement jusqu'à ce qu'il soit rouge ; ajoutez ensuite un peu d'eau pour le rendre liquide.

Pâte minérale pour repasser les rasoirs.

Prenez 500 grammes de rouge d'orfèvre, 30 grammes d'essence de citron mêlés avec quantité suffisante de graisse de cochou salé, pour faire une pâte dure, que vous mettez en bâton.

Pastilles pour parfumer les appartements.

Prenez 500 grammes de charbon de boulanger pilé,
30 grammes de benjoin pilé,
8 grammes de storax liquide,
8 grammes de baume de Pérou liquide ;
Une quantité suffisante d'eau de gomme pour faire une pâte du tout.

Cirage anglais pour la chaussure.

Mélasse,	1 kilo ;
Noir d'ivoire,	2 kilo ;
Acide sulfurique,	50 grammes ;
Huile d'olive,	30 grammes ;
Essence de citron ou lavande,	20 grammes.

Ajoutez un peu de bière, pour qu'il soit d'une consistance convenable.

Mêlez la mélasse et le noir, ajoutez ensuite l'acide, mêlez et ajoutez l'huile et l'essence, que vous mêlez encore, et votre cirage est fait.

Cirage pour les appartements.

Faites fondre au bain-marie, jusqu'à l'ébullition, 500 grammes de cire jaune dans 500 grammes d'eau. Jetez-y, dans cet état, 60 grammes de potasse fondue dans 128 grammes d'eau, 48 grammes de savon vert, 32 grammes d'eau de Cologne remuez un quart-d'heure, et laissez ensuite reposer 24 heures; ajoutez 60 grammes de rouge de Prusse délayez tout ensemble, et ajoutez 1 kilo 250 grammes d'eau pour l'employer.

Cirage pour les harnais.

Vinaigre rouge,	1/2 litre;
bière,	1/2 litre;
colle forte,	125 grammes;
colle de poisson en feuille,	62 grammes;
bois d'inde haché,	62 grammes;
indigo pilé fin,	62 grammes.

Faites bouillir ensemble 1 heure environ; la composition est faite. On l'emploie avec une éponge.

Cirage vernis pour les souliers.

Penez 80 grammes de gomme du Sénégal, 62 grammes de sucre; faites-les fondre dans 1 litre d'encre noire ordinaire; ajoutez ensuite 125 grammes d'esprit de vin. Mêlez exactement en agitant. Employez avec un pinceau ou une éponge.

Baume rosat odoriférant des frères Bacheville.

Il a la propriété d'arrêter la chute des cheveux, et de leur donner un lustre et une souplesse étonnants. 125 grammes huile de pied de bœuf purifiée et bien limpide, 125 grammes huile de chanvre bien claire, 15 grammes orcanette concassée; laissez macérer huit jours en agitant de temps en temps, ou mettez chauffer pendant deux heures au bain-marie.

Passez à travers un linge fin avec expression; ajoutez 20 gouttes de bon rhum, 1 gramme d'essence de rose, 10 grammes essence de citron, 10 grammes essence d'orange; agitez pour bien mélanger; mettez en flacon. Vous l'employez comme tout autre cosmétique. Vous pouvez mettre, au lieu des parfums désignés, tout autre qui vous plairait mieux.

Manière de faire du vinaigre en grand.

On acidifie facilement, en quarante-huit heures, 24 litres de liquide composé de 18 litres d'eau, 3 d'eau-de-vie et 3 de ferment. Si on emploie 20 litres eau-de-vie, 20 de ferment et 100 d'eau, en faisant 3 arrosements par jour, on acidifie en huit jours.

Manière de préparer le ferment.

75 kilos seigle moulu grossièrement, 25 orge moulu, que l'on délaie puis que l'on brasse avec 260 litres d'eau maintenue à 80 degrés pendant trois heures; on ajoute alors 434 litres d'eau.

Faites arriver l'eau chaude dans la cuve; brassez

le mélange et couvrez ; brassez fortement une demie heure après, et ainsi de suite pendant deux heures et demie.

On introduit peu à peu la quantité d'eau froide en agitant toujours ; on met en levain avec 4 kilos levure de bière.

Quand le mouvement tumultueux de la fermentation est terminé, tirez au clair, versez la liqueur dans un tonnneau en y mêlant de l'eau-de-vie à 18 ou 19 degrès; ce liquide ne peut se conserver huit jours; on doit n'en préparer que la quantité utile pour la semaine.

Vous avez, d'un autre côté, des tonneaux de 5 à 6 hectolitres tous remplis de copeaux de hêtre sans être foulés, (les copeaux de hêtre rouge sont les meilleurs); vous les préparez ainsi : faites bouillir le hêtre dans l'eau deux heures et laissez-le tremper vingt-quatre heures faites des copeaux de $1/2$ ligne d'épaisseur, (on pourrait faire bouillir ces copeaux dans du vinaigre); vous versez donc sur vos tonneaux remplis de copeaux 18 litres eau-de-vie de 22 à 25 degrés et autant de ferment; douze heures. après soutirez le liquide; on se sert d'un arrosoir pour le verser de nouveau sur les copeaux; douze heures après, arrosez les copeaux avec un litre d'eau-de-vie et autant de ferment, et ainsi de suite ; quarante-huit heures après, lacetification est complète.

Les tonneaux doivent être munis de couvercles fermant bien; on ne laisse qu'une seule ouverture, vers le côté près de la bonde, pour permettre le renouvellement de l'air; sans cela l'acetification ne se ferait pas.

On peut jeter sur les copeaux 62 grammes pirètre, 62 grammes galanga, 62 grammes poivre long des Indes, 62 grammes poivre-long rouge, le tout pilé grossièrement ; ces substances donneront plus de force au vinaigre.

2 ou 3 litres de vinaigre de Mollerat, sur une pièce de 200 litres, lui donneraient aussi beaucoup de force.

La température de votre local doit toujours être à 25 degrés environ.

Recette pour faire du vinaigre avec de l'eau.

Prenez 125 grammes farine de moutarde, 125 grammes poivre-long pilé, 500 grammes acide tartrique, 1 kilo mélasse, 5 kilos farine ordinaire ; faites du tout une pâte bien pliée dans un linge, que vous tenez dans un lieu un peu chaud pendant 48 heures ; ensuite faites cuire cette pâte au four comme un pain. On le coupe en petits morceaux ; on le met dans un petit tonneau contenant 100 litres d'eau à 25 degrés, sur du marc de vinaigre, ou 3 litres de bon vinaigre à défaut de marc; ajoutez 3 litres alcool. Le local où la préparation est faite doit être chauffé de 20 à 25 degrés Réaumur.

Recette pour faire le vinaigre promptement.

Depuis dix ans on suit, dans quelques pays, un procédé extrêmement prompt, supérieur à celui usité en France, où l'on commence cependant à l'adopter.

On mêle à de l'eau-de-vie, marquant 22 à 25 dgerés, une liqueur fermentescible quelconque, soit du suc exprimé de pomme de terre, de betteraves, de topinambours, soit du moult fermenté d'orge et de seigle; on fait couler ce mélange lentement, d'une manière continue, par le moyen de petites cordes, dans un tonneau rempli de copeaux de bois de hêtre trempés à l'avance dans du fort vinaigre; ce tonneau est percé de petits trous aux deux tiers inférieurs de sa hauteur, et muni de tubes à son fond supérieur afin d'entretenir, dans l'intérieur, un courant d'air non interrompu; le liquide, en se répandant uniformément sur les copeaux, s'échauffe volontiers à la température de 30 degrés; il est si complètement acidifié en descendant à travers le tonneau, qu'il est transformé à moitié en vinaigre; il suffit de le verser sur un nouveau tonneau pour opérer l'acétification. qui est terminée en quelques heures; le liquide acidifié s'écoule du tonneau par un siphon placé un peu au-dessus du fond inférieur et déversant le liquide dans un récipient en bois. On acidifie la bière non houblonnée, le cidre, le poiré, le vin gâté. Le vinaigre blanc est le plus estimé; on lui enlève une partie de sa couleur en même temps qu'on le clarifie, en versant, dans une pièce de 230 litres, un litre de lait écrêmé, agitant vivement et laissant déposer.

Recette pour fabriquer le Rhum.

Mettez, dans 100 litres d'eau tiède, 63 kilos mélasse, 25 kilos farine d'orge, 5 kilos de pruneaux, 125 grammes de levure de bière; brassez et laissez fermenter; lorsque la fermentation paraît s'arrêter, distillez tout le liquide; d'un autre côté, mettez infuser, dans

10 litres d'alcool à 33 degrés, 2 kilos de rognures de cuir tanné, 500 grammes de truffes noires écrasées. 60 grammes clous de girofle, 10 grammes zeste de citron pilés ensemble grossièrement ; ajoutez ce liquide au premier produit distillé, distillez une seconde fois, ramenez le tout à 22 degrés, brûlez dans le tonneau une poignée de paille imprégnée de goudron liquide avant de mettre votre rhum dedans ; il acquiert en vieillissant le goût de celui de la Jamaïque.

Elixir précieux pour bonifier sur-le-champ le vin le plus commun.

Prenez 250 grammes de bonnes cendres gravelées de Bourgogne ou d'Orléans, faites-les calciner dans une grande cuiller de fer, écrasez-les et mettez-les dans un vaisseau de faïence avec un morceau de chaux vive de la grosseur d'une noisette, versez ensuite sur ce mélange $^1/_6$ de litre de bon esprit de vin ou d'eau-de-vie rectifiée ; une heure après, filtrez la teinture à la chausse ou au papier ; bouchez bien votre élixir aussitôt filtré ; il en faut une pinte pour une pièce de 200 litres, mais il ne faut faire usage de cette liqueur qu'au fur et à mesure et qu'autant que l'on veut consommer le vin le même jour ; 12 gouttes par litre, 2 gouttes par verre suffisent, et quelquefois la moitié quand les sels sont abondants ; transvasez le vin dans lequel vous avez mis l'élixir, ou renversez la bouteille pour bien mêler; après s'être bien assuré de la quantité qu'il faut en mettre, on ne doit en préparer que pour un jour. Cette composition n'a rien de nuisible.

Griottes à l'eau-de-vie.

Choisissez de belles griottes sans taches, coupez-leur la queue aux trois quarts, jetez-les dans l'eau fraîche un quart-d'heure, faites-les égoutter et mettez-les dans votre bocal.

Remplissez votre bocal de sirop et d'eau-de-vie par moitié, avec un peu de girofle et de cannelle; bouchez-le bien avec un liége et un parchemin.

Pêches, abricots et prunes à l'eau-de-vie.

Prenez des pêches et abricots de vigne avant leur maturité, enlevez la superficie de la peau avec un canif, et jetez-les dans l'eau fraîche après les avoir percés jusqu'au noyau avec une épingle; vous changez d'eau et les faites bouillir en les soulevant avec une écumoire; vous les mettez égoutter à mesure que vous les retirez de l'eau, ce que vous devez faire lorsque vous sentez qu'ils fléchissent sous le doigt; lorsqu'elles ont égoutté, mettez dans vos cantines, avec $^2/_3$ de sirop bien cuit, $^1/_3$ de bonne eau-de-vie aromatisée avec un peu de cannelle et de girofle, et bouchez.

Vins d'abricots, de pêches et de prunes.

Prenez 5 kilos d'abricots très mûrs; coupe-les par morceaux après avoir enlevé les noyaux, que vous saupoudrez avec 750 grammes de sucre en poudre; laissez macérer un jour; après quoi faites bouillir dans une bassine, jusqu'à ce que les abricots commencent à fondre; retirez du feu pour verser dans une cruche ou autre vase; quand les abricots sont refroidis, jetez dessus 8 litres de bon vin blanc et 3 litres d'eau-de-vie, bouchez hermétiquement, et laissez reposer un mois ; ce temps écoulé, soutirez avec précaution, passez le reste à la chausse, et réunissez les deux liquides.

Le vin de pêches est encore plus agréable; le vin de prunes-reine-claude. traité de la même manière, est d'un très bon goût.

Ratafia de cassis.

Egrenez et écrasez 1 kilo 500 grammes cassis, ajoutez 4 grammes girofle, 8 grammes cannelle, 5 litres eau-de-vie à 18 degrés, 750 grammes sucre raffiné; vous mettez le tout dans un bocal; laissez macérer pendant quinze jours, remuez une fois par jour les huit premiers jours, passez à travers un linge avec expression, et filtrez.

Lyon, imp. Nigon, rue Chalamont, 5.

L'ART
DU DISTILLATEUR

mis à la portée de tout le monde.

SUPPLÉMENT DE 50 RECETTES DE MÉNAGE,

POUR LES RATAFIAS, LIQUEURS, VINS, SIROPS, RÉSINÉ, MARMELADES, GELÉES DE FRUITS.

Liqueurs et Ratafias de ménage.

Ratafia sans sucre.

Prenez 5 kilos de raisins noirs bien mûrs, égrappez-les et exprimez le jus par la pression; faites-le bouillir pendant une heure, laissez refroidir et filtrez ce jus; ajoutez quantité égale de bonne eau-de-vie à 20 degrés, 25 amandes d'abricots, et autant d'amandes de prunes avec leur écorce broyées ensemble et un peu de cannelle pour parfumer; mettez dans une grande bouteille que vous bouchez avec du parchemin, et descendez à la cave; soutirez au clair plusieurs mois après; plus cette liqueur vieillit, plus elle acquiert de qualité.

Kirsch-wasser de ménage.

On prend des noyaux de cerises; puis on les concasse avec les amandes, on les jette dans de l'eau-de-vie de bonne qualité, on les laisse infuser jusqu'au temps où l'on peut ajouter des noyaux d'abricots écrasés sans leurs amandes, on laisse encore infuser quelque temps; votre liqueur a le goût du bon kirsch-wasser; plus elle vieillit, plus elle acquiert de qualité.

Ratafia d'anis.

Prenez 250 grammes d'anis vert, la râpure de deux gros citrons, 15 grammes de cannelle; mettez infuser dans 4 litres de bonne eau-de-vie pendant 15 jours dans un vase bien bouché, égouttez votre anis sur un tamis; mettez fondre dans votre eau-de-vie 1 kilo de sucre. Filtrez et mettez en bouteille.

Ce ratafia est pectoral, utile à ceux qui sont sujets à la colique, à la pituite, aux glaires, et donne une haleine agréable.

Ratafia de noyaux d'abricots.

Pelez à l'eau chaude et coupez en morceaux 300 grammes environ de noyaux d'abricots, mettez-les infuser pendant quinze jours dans 5 litres de bonne eau-de-vie avec 15 grammes de cannelle, 8 grammes de girofles; agitez de temps en temps, égouttez vos noyaux sur un tamis, faites fondre dans votre eau-de-vie 2 kilos de sucre ou ajoutez 2 litres de sirop. Passez à la chausse et mettez en bouteille.

Ratafia de cassis, cerises et coings.

Voir le Recueil, f°s 12 et 48.

Ratafia de Genièvre.

Prenez 1 kilo de graines de genièvre, 30 grammes d'anis vert, 30 grammes de coriandre, 15 grammes de girofles; concassez le tout ensemble, mettez infuser quinze jours dans 4 litres de bonne eau-de-vie avec 750 grammes de sucre; filtrez et mettez en bouteille.

Ce ratafia est bienfaisant et stomachique.

Ratafia d'orange.

Râpez dans 2 litres de bonne eau de-vie le zeste de 6 belles oranges douces; exprimez le jus de vos oranges, faites-y fondre 750 grammes de sucre; agitez bien; quand le sucre est fondu, mélangez vos deux liquides, laissez reposer deux jours; filtrez et mettez en bouteille.

Ratafia de vespétro.

Prenez 30 grammes de chacune des semences suivantes :

Anis vert, fenouil, angélique, coriandre, carotte, anet, carvi; concassez le tout grossièrement, la râpure de 2 beaux citrons et de 2 oranges douces; faites infuser pendant quinze jours ou plus dans 4 litres de bonne eau-de-vie contenus dans une cruche bien bouchée; après ce temps tirez au clair, faites-y fondre 1 kilo 500 grammes de sucre. Passez à la chausse ou filtrez, et mettez en bouteille.

Ratafia des quatre graines.

Prenez 3 litres de bonne eau-de-vie, 15 grammes semence de céleri, 30 grammes semence d'angélique,

30 grammes semence de coriandre, 15 grammes semence de fenouil; concassez grossièrement ensemble, laissez infuser quinze jours dans l'eau-de-vie; tirez au clair, ajoutez 1 kilogr. de sucre fondu dans 1 litre d'eau; laissez reposer, filtrez après avoir tiré au clair. Cette liqueur ne se colore pas; elle peut se faire par la distillation ainsi que la suivante.

Ratafia de céleri.

Prenez 3 litres bonne eau-de-vie, 125 grammes semence de céleri, 20 grammes coriandre, 5 gram. girofles; concassez le tout ensemble; laissez infuser quinze jours dans l'eau-de-vie; tirez au clair, adoucissez avec suffisante quantité de sirop ou de sucre dissous dans l'eau comme pour la précédente. Cette liqueur ne se colore pas.

Ratafia de fleurs d'oranger.

Prenez 125 grammes de fleurs d'oranger que vous ferez infuser pendant trois ou quatre jours dans 2 litres d'eau-de-vie; passez cette infusion dans un linge; ajoutez 1 kilogr. de sucre fondu dans 1 litre d'eau ou 1 litre de sirop; mêlez le tout ensemble, filtrez et mettez en bouteille.

Hipocras de menthe.

(Cette liqueur est fortifiante et digestive.)

Prenez 1 litre d'alcool bon goût, 90 grammes de coriandre, 8 grammes de macis, 125 gram. de feuilles de menthe; pilez grossièrement le tout ensemble; mettez infuser pendant 8 jours dans votre alcool; passez à travers un linge, et ajoutez quantité suffisante de sirop pour l'adoucir suivant votre goût.

Vins des dieux.

Coupez par tranches de belles pommes et des citrons bien mûrs, mettez-les en couches alternatives dans un vase, en les séparant avec du sucre pilé grossièrement; versez ensuite dessus du bon vin blanc ou rouge, de manière à ce que les fruits baignent totalement; couvrez le vase et laissez infuser quelques jours; passez le tout dans un linge bien fin, laissez reposer le liquide exprimé quelque temps, tirez au clair doucement ou filtrez à la chausse; conservez cette liqueur dans des bouteilles bien bouchées.

Manière de colorer les liqueurs et ratafias de ménage.

Rouge. — Mettez infuser dans un flacon 15 gram. de bois de Brésil moulu dans 30 ou 40 grammes d'esprit de vin; vous obtenez une teinture d'un beau rouge foncé dont vous mettez quelques gouttes dans la liqueur que vous voulez colorer.

Autre couleur rouge pour les liqueurs.

Prenez 6 grammes de cochenille, 1 gramme alun de roche; pilez le tout bien fin; versez dessus un verre d'eau bouillante et mêlez bien; vous versez dans la liqueur que vous voulez colorer, et obtenez depuis le rose le plus tendre jusqu'au rouge le plus vif.

Rose. — 15 grammes d'orseil infusé dans 30 à 40 grammes d'esprit de vin.

Jaune. — 15 grammes safran dans 30 à 40 grammes esprit de vin ou quelques gouttes de caramel.

Bleu. — Une petite tablette de beau bleu avec lequel on azure le linge, dissoute dans 30 à 40 gram. d'eau.

Vert. — Quelques gouttes de votre teinture jaune et autant de la bleue vous donnent une nuance verte très jolie; mais mettez en peu à la fois, quelques gouttes de chaque suffisent. Des feuilles d'épinards, d'orties, de mélisse, infusées dans l'esprit de vin, vous donnent aussi une couleur verte.

Violet. — Quelques gouttes de votre couleur bleue et autant de votre rose vous donnent la nuance violette que vous désirez; mais n'en mettez que quelques gouttes avec beaucoup de précaution.

Clarification et cuisson du sucre à l'état de sirop à la nappe, au perlé, à la plume, au cassé et au caramel.

Comme il est nécessaire dans plusieurs recettes d'avoir quelques connaissances de la cuisson du sucre, je crois utile d'en donner quelques notions le plus clairement possible.

Pour clarifier du sucre blanc, battez 2 ou 3 blancs d'œufs suivant la quantité dont on a besoin; ajoutez-y peu à peu de l'eau jusqu'à un litre par blanc; cassez votre sucre, mettez les morceaux dans cette eau, dans la proportion d'un kilo par litre; mettez sur le feu, faites bouillir, enlevez l'écume en apaisant le soulèvement de votre sucre avec un peu de l'eau que vous avez mise de côté; quand l'écume est bien blanche, votre sucre est clarifié; après la clarification il se trouve à l'état de sirop ; vous le faites bouillir jusqu'au point de cuisson que vous désirez l'amener. Il y a plusieurs degrés de cuisson après celle de sirop ; on les désigne sous les noms portés en tête de cet article.

Il est à la nappe lorsque en trempant l'écumoire et la retirant de suite, il s'écoule une nappe sur la surface de l'écumoire lorsqu'on le renverse.

Il est au perlé, lorsque en trempant le bout du doigt, le rapprochant du pouce et étendant les deux doigts, il se forme de l'un à l'autre un filet qui ne se rompt pas. On reconnaît aussi ce degré de cuisson, lorsqu'il s'élève sur la surface du sucre des globules ronds qui ressemblent à des perles.

La cuisson à la plume se reconnaît lorsque en trempant l'écumoire dans le sucre, en soufflant à travers, il en sort des globules qui se tiennent l'un à l'autre.

Il est au cassé, lorsque après avoir mouillé le doigt à l'eau fraîche, on le trempe dans le sucre puis dans l'eau ; si après avoir détaché le sucre qui tient au doigt, il casse net sous la dent, il est à son dernier degré de cuisson ; retirez-le, sans quoi il se caraméliserait; lorsque, par inattention, on a dépassé le terme, en ajoutant de l'eau on peut le ramener ; il n'y a plus moyen, une fois porté au caramel, car il est brûlé.

Manière de faire le caramel.

Mettez dans une grande cuiller à pot, en fer, du sucre pilé ; placez sur le feu ; le sucre fond, vous remuez constamment jusqu'à ce qu'il prenne une couleur brune, sans brûler, car il ne vaudrait rien.

Lorsqu'il est au point convenable, versez de l'eau dessus en remuant toujours; il se dissout entièrement; il donne une teinture foncée que vous employez plus ou moins pour colorer en jaune.

Sirops de ménage.

Je me contenterai de donner quelques recettes des sirops les plus usuels qui conviennent le mieux aux ménages.

Sirop de groseille.

Prenez 3 kilos de belles groseilles rouges bien mûres, ajoutez-y 125 grammes de cerises dont vous ôterez les queues et les noyaux, exprimez-en le jus que vous laisserez fermenter pendant deux jours; faites du sirop simple bien cuit, et vous ajouterez 500 grammes de jus pour 1 kilo de sirop; vous faites bouillir cinq minutes le tout, vous le retirez du feu et laissez refroidir avant de mettre en bouteille ou en topette.

Sirop de capillaire.

Prenez 1 litre d'eau, 2 kilos de cassonnade bien sèche, 30 grammes de capillaire; faites bouillir trente minutes votre capillaire dans l'eau; passez à travers un linge, remettez sur le feu et ajoutez le sucre dont vous faites un sirop bien cuit; en le retirant du feu, mêlez 60 grammes de très bonne eau de fleurs d'oranger.

Sirop d'orgeat.

Echaudez et pelez 425 grammes d'amandes douces et 125 grammes d'amandes amères, pilez-les dans un mortier en les arrosant peu à peu avec de l'eau jusqu'à 500 grammes, pressez-les dans une serviette pour retirer le lait; faites de 1 kilo de sucre et de 1 litre d'eau un sirop bien cuit, mettez-y votre lait d'amandes, faites-le cuire un moment, retirez-le au premier bouillon; ajoutez un peu d'eau de fleurs d'oranger lorsqu'il est retiré du feu, et mêlez un peu.

Sirop de limons ou citrons.

Mettez le zeste de 3 citrons dans un vase sur lequel il y a un tamis, exprimez ensuite sur ce tamis le jus de vos 3 citrons, versez le tout sur 2 kilos de bon sirop bien cuit que vous avez dans un autre vase, mettez sur le feu une grande poêle ou bassin à moitié rempli d'eau; faites chauffer une demi-heure dans cette eau qui doit être bouillante, le vase contenant votre sirop, en le remuant de temps en temps; retirez ensuite, et, quand il est froid, mettez en bouteille.

Sirop de mûres.

Faites bouillir doucement, dans une bassine ou autre vase, 1 kilo de mûres en parfaite maturité, avec autant de sucre en poudre; remuez doucement et continuellement jusqu'à ce que le sucre soit bien fondu; après quelques bouillons passez le tout à un tamis de crin ou un linge serré; laissez refroidir avant de mettre en bouteille.

Confitures liquides ou Fruits confits.

Ce sont celles dont les fruits sont confits dans un sirop transparent et liquide, qui a ordinairement la couleur du fruit dans lequel il a bouilli; certains fruits sont confits entiers, d'autres en morceaux; le sirop doit être assez consistant pour conserver les fruits avec lesquels il est cuit, qu'il doit toujours recouvrir. On confit tous les fruits, mais les plus succulents sont les meilleurs; faites-les cuire doucement dans le sirop, afin qu'ils se pénètrent bien de sucre, c'est le moyen de les bien conserver; faites d'abord un sirop allongé. Lorsque les fruits ont un degré de cuisson convenable et que le sirop en a bien pris le goût, retirez vos fruits, mettez-les dans des pots, faites bien cuire votre sirop, afin qu'il ait le degré de cuisson convenable, et couvrez-en entièrement vos fruits.

Confiture sèche.

On prépare en confitures sèches les fruits entiers ou découpés, les racines, les tiges de quelques plantes, les écorces de certains fruits.

On blanchit d'abord les fruits qui ont une saveur trop forte, c'est-à-dire on les fait bouillir dans une quantité d'eau suffisante jusqu'à ce que la saveur ait été enlevée; on les retire avec une écumoire, on les met égoutter sur un tamis de crin.

Ne faites pas bouillir les écorces, racines et fruits odorants; on les place dans un vase qui puisse bien se boucher. On jette l'eau bouillante dessus, et on laisse refroidir afin que l'arome ne se perde pas; faites cuire pendant ce temps du sucre à la plume, vous y mettez vos fruits dedans, et vous les y faites cuire jusqu'à ce qu'ils aient perdu leur humidité, ce que l'on reconnaît par la fermeté qu'ils acquièrent dans le sucre; on les enlève avec une écumoire, on les fait égoutter sur des assiettes; on les fait sécher à l'étuve, on les met dans des boîtes bien fermées.

Fruits au candi.

Quand les fruits sont dans l'état décrit ci-dessus, au lieu de les mettre à l'étuve, plongez-les dans des vases en faïence remplis de sucre cuit au cassé, de manière que le fruit en soit couvert; le sucre, en se refroidissant, se candit autour des fruits en beaux cristaux; on les retire alors, et on les ferme dans des boîtes.

Marmelade de fruit.

Pâtes à demi-solides faites avec la pulpe des fruits et du sucre en pain; plus on met de sucre, plus elles sont agréables et exigent moins de soin.

Marmelade de pêches.

Prenez des pêches bien mûres, enlevez la peau, ôtez les noyaux, et couvrez de suite de tout le sucre que vous destinez à les faire cuire : 500 grammes de sucre pour 500 grammes de fruits conviennent pour faire une bonne marmelade. Si vous voulez bien conserver le goût du fruit, vous pouvez en mettre 750 grammes.

Laissez macérer les pêches dans le sucre pendant trois ou quatre heures, versez dans la bassine, faites cuire à grand feu une demi-heure si vous avez mis 500 grammes de sucre, et dix minutes s'il y en a 750 grammes; passez au tamis de crin en frottant avec une cuiller, et emplissez vos pots. Cette marmelade a la transparence d'une gelée.

Marmelade d'abricots.

On ne les pèle pas; après avoir passé au tamis, comme les pêches, avant de mettre dans les pots, jetez dedans les amandes des noyaux, après avoir ôté la peau; brassez bien pour les mêler partout.

Marmelade de mirabelle.

Opérez comme pour les précédentes : mettez 400 gr. de sucre pour 500 de fruits.

Gelée de fruits.

Elles se font avec le jus des fruits dans lesquels on met dissoudre du sucre que l'on fait ensuite bouillir jusqu'à une consistance un peu épaisse, de sorte qu'en se refroidissant ce jus ressemble à de la gelée tremblante ; toutes se faisant de la même manière, je parlerai seulement de celle de groseille et de pomme. Pour faire une bonne gelée, il faut 750 grammes de sucre par 500 grammes de fruit.

Gelée de groseille.

3 kilos de groseilles rouges, 750 grammes groseilles blanches, 5 kilos 1/2 de sucre, 250 grammes de framboises; égrenez les groseilles, épluchez les framboises, mettez macérer ces dernières dans 500 grammes de votre sucre pilé grossièrement, mettez dans une bassine non étamée les groseilles et le sucre cassé en poudre grossière; faites bouillir à grand feu, jusqu'à ce que les groseilles crèvent, jetez-y alors les framboises que vous enfoncez avec l'écumoire, laissez bouillir un moment; retirez du feu la

bassine ; versez le contenu sur un tamis de crin placé au-dessus d'une terrine ; laissez égoutter un quart-d'heure sans presser ; transportez le tamis sur une autre terrine pour recevoir ce qui s'écoule encore ; mettez en pot ce premier produit ; tordez ensuite, dans un linge, ce qui est resté dans le tamis : ce jus donne une gelée moins transparente, mais aussi bonne que la première ; en la clarifiant on lui ôterait de sa qualité.

Ne jetez pas le résidu qui reste dans votre linge, j'indiquerai le moyen d'en tirer parti.

Gelée de groseille à froid.

Cette gelée est préférable, elle conserve tout son parfum.

Ecrasez les groseilles pour en exprimer tout le jus ; laissez fermenter pendant vingt-quatre heures, enlevez avec une écumoire tout le chapeau qui s'est rassemblé à la surface par la fermentation ; filtrez ensuite au papier ; pesez la liqueur filtrée, ajoutez son poids de sucre, remuez avec l'écumoire jusqu'à ce que le sucre soit bien fondu ; mettez en pot ; vingt-quatre heures après, votre gelée est prise.

Gelée de pommes.

Pelez les pommes, jetez-les dans l'eau où vous aurez mis le jus de 2 ou 3 citrons, cette préparation est nécessaire pour avoir une gelée bien blanche, mettez ces pommes dans une bassine pour qu'elles baignent ; on peut se servir de celle dans laquelle on les a jetées après les avoir épluchées ; quand les pommes commencent à se fondre, versez ce qui est dans la bassine sur un tamis de crin, ne pressez pas le marc, laissez seulement égoutter, mettez 500 grammes de sucre par 500 grammes de jus; vous faites bouillir rapidement dans la bassine jusqu'à ce qu'en jetant quelques gouttes sur une assiette, on voit qu'elles se figent, c'est le moment de retirer du feu; jetez-y dedans, avant, quelques petits filets d'écorce de citrons bien minces, que vous retirez avant de remplir les pots afin de les distribuer par dessus.

Pâtes de fruits.

On peut utiliser la pulpe des pommes qui ont servi à faire la gelée : on en fait des pâtes comme nous allons l'indiquer; on n'emploie guère que les pommes, coings ou abricots pour faire des pâtes, cependant on peut en faire avec toutes sortes de fruits.

On prend les fruits à l'état de marmelade au moment de mettre en pot; voici le procédé pour les pommes, il est de même pour tous les fruits.

Prenez la pulpe des pommes, écrasez-la sur un tamis de crin, ajoutez assez de jus de citron pour donner une acidité agréable; achevez de cuire, avec quantité suffisante de sucre, un peu de cannelle.

Lorsqu'elle est assez cuite, distribuez sur des soucoupes saupoudrées de sucre pilé bien fin et bien sec, faites de même par-dessus en les applatissant à deux ou trois lignes d'épaisseur, ce qui est facile à faire, en mettant les soucoupes les unes dans les autres; retournez pour qu'elles ne s'attachent pas aux soucoupes; exposez à un courant d'air jusqu'à ce qu'elles soient bien sèches; saupoudrez de chaque côté avec du sucre, et mettez en boîte en les séparant avec du papier.

Emploi des résidus de confitures.

Lorsque l'on a passé au tamis les marmelades et les gelées, ce qui reste sur le tamis contient du sucre et du suc de fruits; on peut en retirer une partie par expression, mais il en reste encore plus qu'on en retire, il y a plusieurs moyens d'employer ces résidus : l'un consiste à jeter de l'eau dessus et à passer le tout à la chausse jusqu'à ce qu'elle sorte claire; ces eaux sont agréables à boire et trés saines, mais on ne peut les conserver plus de deux jours, quelquefois moins ; l'autre moyen consiste à employer ces résidus à faire du vin artificiel ou à les faire entrer dans du ratafia.

Versez sur ces résidus assez de bon vin blanc pour les bien délayer, laissez macérer pendant vingt-quatre heures dans un endroit frais; passez à la chausse jusqu'à ce que le vin sorte clair; ajoutez $^1/_6$ de bonne eau-de-vie, et mettez en bouteille.

Les résidus de confitures d'abricots, de pêches, de mirabelles, traités ainsi, donnent un vin de liqueurs excellent.

On peut aussi délayer les résidus avec moitié eau, moitié eau-de-vie; on passe à la chausse ; on met dans le liquide clair, de belles cerises tardives, ou de belles reines-claudes; vous les laissez infuser huit jours, et ajoutez autant d'eau-de-vie que vous en avez mis la première fois.

Résiné.

Choisissez du raisin bien mûr et bien sucré; écrasez pour le débarrasser des rafles et des pellicules;

mettez le jus et le mucilage dans une bassine sur le feu pour le faire évaporer; écumez et remuez continuellement pour l'empêcher de brûler et de s'attacher, et modérez le feu ; trop cuit, il contracte un mauvais goût, trop peu, il moisit. Servez-vous de bassine en tôle ou en fer, le cuivre est dangereux. Dans les pays chauds où le raisin est très sucré, on n'y ajoute pas d'autres fruits, il faut en relever la saveur en aromatisant avec quelques citrons et cédrats découpés.

Dans les contrées froides, on y ajoute des poires, pommes ou coings ; les fruits acerbes sont les préférables ; les potirons, les carottes, les panais peuvent faire du résiné.

On enlève les pelures, les cartilages, pierres ou pepins; on les coupe en petits morceaux; quand le jus de votre raisin est réduit de moitié, on le passe à travers une toile, on le remet sur le feu, en ajoutant les fruits ou légumes; on continue la cuisson jusqu'à ce que le tout forme une pâte homogène, de manière qu'on ne puisse pas distinguer les morceaux de fruits; on verse dans des terrines évasées pour faire refroidir. Dans les années froides ou pluvieuses, je conseille d'ajouter un peu de sucre, de miel, ou d'alcool.

Confiture de campagne.

Prenez du vin nouveau le plus doux possible, noir ou blanc, peu importe, faites-le bouillir et réduire aux $^{2}/_{3}$, de manière qu'il ait une bonne consistance et qu'il puisse confire le fruit qu'on veut garder; prenez les fruits que vous destinez à être confits, poires, pommes ou coings ; pelez et nettoyez ces fruits de leurs pepins; faites-les cuire dans l'eau jusqu'à ce qu'ils soient amollis ; après les avoir sortis et laissés égoutter, on les met dans le sirop de vin doux, on fait bouillir en écumant toujours ; on reconnaît que la cuisson est achevée, en mettant du sirop dans un vase quelconque ; si l'on voit qu'il ne coule pas, alors on peut mettre en pot.

Confitures de fruits sans feu.

On prend du bon vinaigre; on y met assez de sucre pour qu'il soit changé en sirop où l'acidité ne domine pas; on met dans ce sirop les fruits que l'on veut conserver en les choisissant bien mûrs et cueillis par un temps sec ; au bout de quelque temps le sirop a pénétré les fruits, qui conservent leur saveur et un goût agréable. Il convient de tenir les vases dans un endroit un peu frais, afin d'éviter la fermentation.

Gelée de fruits économique.

Pour faire une gelée de toutes espèces de fruits ou de raisins, on en prend le suc cuit ou cru, on le fait cuire pendant une heure s'il n'a pas été cuit, et une demi-heure s'il l'a déjà été; on ajoute 500 gr. de fécule de pomme de terre sur 5 kilogr. de jus, en la délayant petit à petit, comme si l'on voulait faire de la colle; la gelée faite de cette manière est excellente et imite celle de groseille.

Cornichons.

Choisissez les cornichons récemment cueillis autant que possible; coupez la pointe et la queue, mettez les dans un sac avec le quart de leur poids de sel de cuisine pilé grossièrement, remuez-les dans ce sac jusqu'à ce qu'ils soient nettoyés suffisamment; suspendez le sac à un clou pendant 24 heures, afin qu'ils rendent l'eau qu'ils contiennent; prenez alors quantité suffisante de bon vinaigre rouge, faites-le bouillir, et jetez dedans vos cornichons, que vous retirez aussitôt pour les mettre égoutter; recommencez la même opération le lendemain avec le même vinaigre; lorsque vos cornichons sont bien égouttés une seconde fois, mettez-les en cantine ou en pot, et versez dessus, de manière à ce qu'ils baignent entièrement, du bon vinaigre rouge ou blanc, dans lequel vous ajoutez un peu d'estragon, un peu d'ail, quelques petits oignons rouges, si vous le jugez à propos.

Si vos cornichons étaient devenus jaunes, mettez une pincée de sel d'oseille dans le vinaigre que vous jetez dessus la seconde fois; ils reprendront leur verdeur.

Tomates.

Coupez les tomates en morceaux, faites les fondre dans une bassine, passez-les avec expression à travers un linge, remettez le jus dans la bassine, faites réduire jusqu'à une consistance de sauce; versez cette purée dans des bouteilles et la mettez pendant un quart-d'heure au bain-marie; conservez pour vous en servir au besoin.

Eau dentifrice pour blanchir les dents et raffermir les gencives.

Prenez 4 grammes de chacune des essences suivantes : de menthe, girofle, cannelle et teinture de Gayac, 1 gramme de cochenille pilée que vous laissez dissoudre pendant deux heures dans un litre de bon esprit de vin; filtrez ensuite et mettez en flacon.

Quelques gouttes dans un verre d'eau dont vous vous gargariserez la bouche suffisent pour vous raffermir les gencives; la même quantité, dans le quart du verre d'eau, est un excellent dentifrice pour les nettoyer et les blanchir; vous les frottez avec une brosse à dents bien douce, ou une éponge que vous en imbibez à plusieurs reprises, en la trempant dans le verre contenant la liqueur.

Eau d'arquebuse par distillation.

Prenez 2 litres esprit de vin bon goût, et 15 grammes de chacune des plantes suivantes : feuilles de matricaire, sauge, menthe, lavande, thim, mélisse, romarin, calamant, rue, absinthe, marjolaine de jardin, hisoppe, semence d'angélique; après les avoir mises dans l'esprit une heure, distillez pour retirer vos 2 litres, que vous réduisez à 22 degrés en ajoutant de l'eau distillée ou de fontaine; si vous distillez vos plantes dans 4 litres d'eau-de-vie, vous arrêtez la distillation lorsque vous avez vos 4 litres d'eau d'arquebuse au degré convenable.

Persico par distillation.

Prenez 500 grammes d'amandes d'abricots, 6 grammes cannelle pilée grossièrement; concassez vos amandes après les avoir pelées à l'eau chaude ; laissez infuser quelques jours dans 4 litres d'eau-de-vie; distillez pour retirer vos 4 litres ; ajoutez à ce produit 1 kilo de sucre fondu dans 125 grammes eau de fleurs d'oranger et autant d'eau ; mêlez au produit de votre distillation et filtrez.

Eau de lavande.

Mettez infuser pendant quelques jours, dans un litre de bonne eau-de-vie, les fleurs d'un petit paquet de lavande sèche, environ 30 grammes de fleurs et 8 grammes de benjoin en poudre, en ayant soin d'agiter de temps en temps la bouteille, laissez reposer; ensuite soutirez au clair ou filtrez; étendue d'eau, elle est salutaire pour se laver le visage, et fait disparaître les boutons et les feux que l'on pourrait avoir.

Vin de Genièvre.

Pour un tonneau de 150 litres, prenez 3 boisseaux de graines de genièvre, autant d'orge, 1 kilogr. de fruits sauvages cuits au four, quelle que soit leur espèce; remplissez à moitié le tonneau d'eau de rivière ou de fontaine; mettez l'orge dans un chaudron assez plein d'eau pour qu'elle surnage; on la fait bouillir pendant cinq minutes sur un grand feu ; on la retire et on y jette le genièvre et les fruits cuits, que l'on mêle pour verser le tout ensemble dans le tonneau, par la bonde que l'on tient bouchée pendant deux jours ; on verse chaque jour un seau d'eau dans le tonneau jusqu'a ce qu'il soit plein; alors on couvre simplement la bonde sans la fermer hermétiquement.

La liqueur fermentera quelque temps, ensuite elle bouillira; lorsqu'elle sera appaisée, on pourra s'en servir; quand on en aura fait usage deux jours, on pourra y substituer autant d'eau qu'on aura tiré de liqueur, ce qui la perpétuera plusieurs mois. Si l'on veut ne pas mettre d'orge, on double la dose de genièvre, on substitue 250 grammes d'absinthe en herbe bien épluchée; le tout jeté dans un tonneau plein d'eau dans un lieu frais, pendant un mois, temps après lequel on peut s'en servir.

Cette boisson, quoique peu connue, mérite d'être appréciée; elles peut remplacer le vin de pomme.

Manière de rétablir le vin gras.

Faites dissoudre 375 grammes de crême de tartre, 375 grammes de sucre brut dans 4 litres de vin; chauffez à l'ébullition; versez le mélange chaud dans le vin; agitez le tonneau cinq minutes, et mettez-le en place en mettant la bonde dessous; deux jours après, retournez le tonneau et collez le vin; mais au lieu de brouiller à bondon ouvert, agitez le tonneau quelques minutes, et mettez en place la bonde dessus; au bout de quatre à cinq jours le vin sera clair, limpide et dégraissé; il aura acquis de la qualité; il faut alors le soutirer, il ne sera plus sujet à devenir gras. S'il est en bouteille, mettez en tonneau, et opérez de même.

Recette pour donner au vin une couleur vive et brillante.

Sur 600 litres de vin, vous mettez 500 grammes de sel que vous avez bien fait sécher au soleil ou torréfié comme du café.

Manière de faire de la levûre.

Prenez une pinte d'orge germée, séchée et concassée ; faites la bouillir un quart-d'heure dans une pinte et demie d'eau ; tirez au clair et laissez refroidir dans un endroit chaud convenablement pour établir la fermentation : cette préparation suffit pour la mise en levûre de 100 litres de bière fabriquée par ma méthode.

Autre manière.

Pour établir la fermentation de la bière, vous y mettez une demi-livre environ de levain de boulanger, délayé dans une chopine d'eau tiède ; vous la laissez cracher deux ou trois jours avant de la mettre en cruche ; mais vous la collez préalablement avec une once environ de colle de poisson ; vous la laissez au moins douze heures sur la colle.

TABLE.

—

OBJETS DIVERS.

Lyon, Imp. Nigon, rue Chalamont

www.ingramcontent.com/pod-product-compliance
Ingram Content Group UK Ltd.
Pitfield, Milton Keynes, MK11 3LW, UK
UKHW021311190726
13839UKWH00007B/1149